童话数学
儿童数学启蒙图画书

罗塔小姐的烦恼

·排列与组合·

国开童媒 编著　每晴 文　松茸 图

国家开放大学出版社出版　国开童媒（北京）文化传播有限公司出品

北 京

罗塔小姐有个小小的烦恼——她有选择困难症。
每当需要做选择的时候，她总是犹豫不决。

比如，她去商店
里试衣服……

小贴士：请你想一想，两件上衣和两条裙子一共能组合出几种搭配方案？

再比如，她挑选食物的时候……

小贴士： 小朋友，这三种口味的冰激凌能组合出多少种不同口味的双球冰激凌呢？

麻烦您快一点儿，好吗？

9

对了，还有一次，她给她的
新车挑选车牌号……

您好，我的幸运
数字是3、5和9，能不
能给我这三个数字组
成的车牌号？

好的，请稍等。

事实上，选择困难症不仅仅是罗塔小姐生活中的烦恼，它还影响了她的工作。

罗塔小姐是一家超市的理货员，每当她整理货品的时候，选择困难症也会找上门。

哦，这个摆放顺序不太好，是不是应该换一换……

小贴士：这三种水果还可以有哪些摆放顺序，请你画一画，上一页的车牌号或许可以给你一些启示。

12

现在，选择困难症对罗塔小姐来说，已经不是小烦恼了，它成了一个大麻烦！

这样想着，罗塔小姐忽然感到一阵轻松，她终于进入了梦乡。

罗塔小姐还清晰地记着自己前一晚的决定，于是她想都没想就回答："我选第1种！"

幸运仙子一下愣住了："第1种？那是哪一种？"

小贴士：从这三样美好的事物中选两样，有多少种选法？为什么仙子不明白罗塔小姐的回答呢？

19

可怜的罗塔小姐！
看来，选择困难症还纠缠着她，
而且还进入了她的梦里。

第二天一早，罗塔小姐睡眼惺忪地打开了电脑。

如何改掉选择困难的毛病？🔍

- 既然让你选择困难，说明每一种选择都有好的地方，那就尝试每次选择其中一个方案吧。

- 听听朋友的意见，或许是个不错的选择。

- 你可以多看书，吸取别人的经验，这样你就知道哪种选择更好了。

- 如果你不知道该选哪一个，就先排除你不想要的，这样答案自己就出来了。

- 如果你选择困难，请看看你是不是太在意别人的评价？试试听从自己内心的想法。

- 如果实在难以决定，那就掷骰子吧！抓阄也可以！哈哈，跟你开玩笑呢……

在故事中，我们看到面对多种选择时，罗塔小姐总是不知道怎样进行选择。生活中，孩子有遇到这样的情况吗？一起聊聊这种经历，然后我们再来分析处理这类问题可以用到的数学思维。

在回答"到底选哪一种"之前，咱们需要先明确"到底有多少种选择"。这就涉及到了排列与组合的数学问题。将不同选项进行搭配，如果顺序不影响搭配的结果，就是组合问题，如果顺序会影响到搭配结果则是排列问题。

两件上衣和两条裙子可以有多少种搭配方式？让孩子也可以试着去排列组合一下，看看是不是和罗塔小姐一样有4种情况。在组合的过程中，我们可以先选定一件上衣，然后和两条裙子进行搭配，之后再换另一件上衣；也可以选定一条裙子，和两件上衣搭配，之后再搭配另一条裙子。有的孩子会问，我没有衣服和裙子的图片怎么办？开动脑筋想一想，我们是不是可以利用身边的其他物品或者字母、数字来代替，摆一摆、画一画，方法可以多样，但关键是要有序，不重复、不遗漏地列举对象，在"序"上做文章。很多事物并非天然有序，序从何来呢？有两点特别重要：一是分类，二是分步。家长可以引导孩子在解决问题的过程中，进行简单的、有条理的思考，并把自己的想法表达出来。

北京润丰学校小学低年级数学组长、一级教师　蒋慕香

思维导图

　　选择困难症给罗塔小姐的生活带来了很多麻烦，终于有一天罗塔小姐再也受不了了，她决心要改变这一切！罗塔小姐经历了什么？她又是如何克服选择困难症的呢？请看着思维导图，把这个故事讲给你的爸爸妈妈听吧！

原因

结果

去商店试衣服，纠结选择哪个搭配。

一直选不出来，商场都要打烊了。

买双球冰激凌，纠结选择哪两个口味。

一直选不出来，后面的顾客不耐烦了。

挑选车牌号，纠结三个数字的组合。

一直选不出来，工作人员和电脑都要崩溃了。

工作的时候，纠结货品的摆放。

一直选不出来，顾客队伍排成长龙，主管生气。

罗塔小姐有一个**小烦恼**

· 贴纸排排队 ·

罗塔小姐打算打扮打扮自己的新车，她有3张可爱的装饰贴纸，分别是小熊、小兔和小狗的图案。可是，在考虑先贴哪张后贴哪张的时候，罗塔小姐又犯难了。小朋友，这3张贴纸一共有多少种排列方式呢？请你帮她列出来，整理一下思路吧！（小熊、小兔、小狗可以分别用A、B、C代替。）

A.

B.

C.

排列组合一：　　　　　　　　排列组合二：

排列组合三：　　　　　　　　排列组合四：

排列组合五：　　　　　　　　排列组合六：

· 美好的种花日 ·

　　罗塔小姐打算在花盆里种两种不同颜色的花，但她在花卉市场里看到了3种颜色的花：红色、黄色和蓝色，所以她又开始犯难了。每两种颜色为一组，一共能有几种组合呢？请你帮罗塔小姐用涂色的方式罗列出不同的颜色组合吧！

·搭配营养午餐·

今天幼儿园的午餐有2个素菜、3个肉菜，可真丰富呀！每个小朋友需要从这些菜中选1个肉菜、1个素菜，才能既保证营养，也不会浪费。每个小朋友有几种不同的选法呢？快跟你的爸爸妈妈分享一下吧！

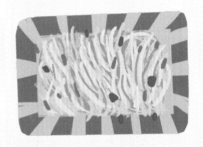

酸辣土豆丝

红烧排骨

清炒西兰花

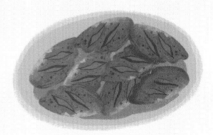

可乐鸡翅

白灼大虾

·数字组合挑战赛·

1. 两名玩家：家长和孩子。

2. 游戏准备：3张数字卡，分别为1、2、3；一张白纸；一支铅笔。

3. 游戏过程：

1）第一关：你能用数字1和2组成几个两位数？让孩子用卡片摆一摆，家长帮助孩子记录下来。

2）第二关：你能用数字1、2、3组成几个不同的两位数？让孩子用卡片摆一摆，家长帮助孩子记录下来，并检查一下有没有重复的，有没有漏掉的。

3）第三关：你能用数字1、2、3组成几个不同的三位数？让孩子用卡片摆一摆，家长帮助孩子记录下来，并检查一下有没有重复的，有没有漏掉的。

4. 游戏结束：结合每一关的游戏结果，家长可以跟孩子一起讨论下，用什么方法才能保证每一关的数字组合不重复不遗漏呢？如果这时孩子还不能特别理解有序排列组合的基本方法，家长可以引导孩子按照以下顺序重新尝试排列组合：

1）当随机排列组合这些数字时，会出现什么情况？

2）当固定十位数字时，会出现什么情况？

3）当固定个位数字时，会出现什么情况？

　　如果孩子对这个游戏产生了兴趣，家长可以提高游戏的难度，比如用4个数字组成两位数、三位数、四位数，分别有多少种组合形式？相信孩子会在游戏中逐步感知到排列组合的规律及基本方法！

知识点结业证书

亲爱的＿＿＿＿＿＿小朋友，

恭喜你顺利完成了知识点 **"排列与组合"** 的学习，你真的太棒啦！你瞧，数学并不难，还很有意思，对不对？

下面是属于你的徽章，请你为它涂上自己喜欢的颜色，之后再开启下一册的阅读吧！